# DE
# L'UNIFICATION DE L'HEURE

## DANS PARIS

## DES QUATRE RÉGULATEURS-TYPE

### DES CADRANS COMPTEURS

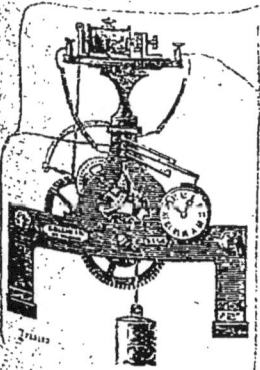

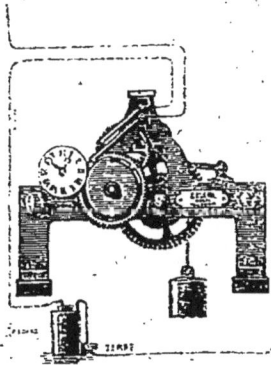

—

PAR

## COLLIN, successeur de B.-H. WAGNER

Horloger-Mécanicien

118, rue Montmartre. 118

PARIS

# DE

# L'UNIFICATION DE L'HEURE

## DANS PARIS

~~~~~~~

## DES QUATRE RÉGULATEURS-TYPE

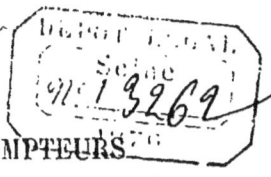

~~~~~~~

### DES CADRANS COMPTEURS

PAR

## COLLIN, successeur de B.-H. WAGNER

Horloger-Mécanicien

118, rue Montmartre, 118

PARIS

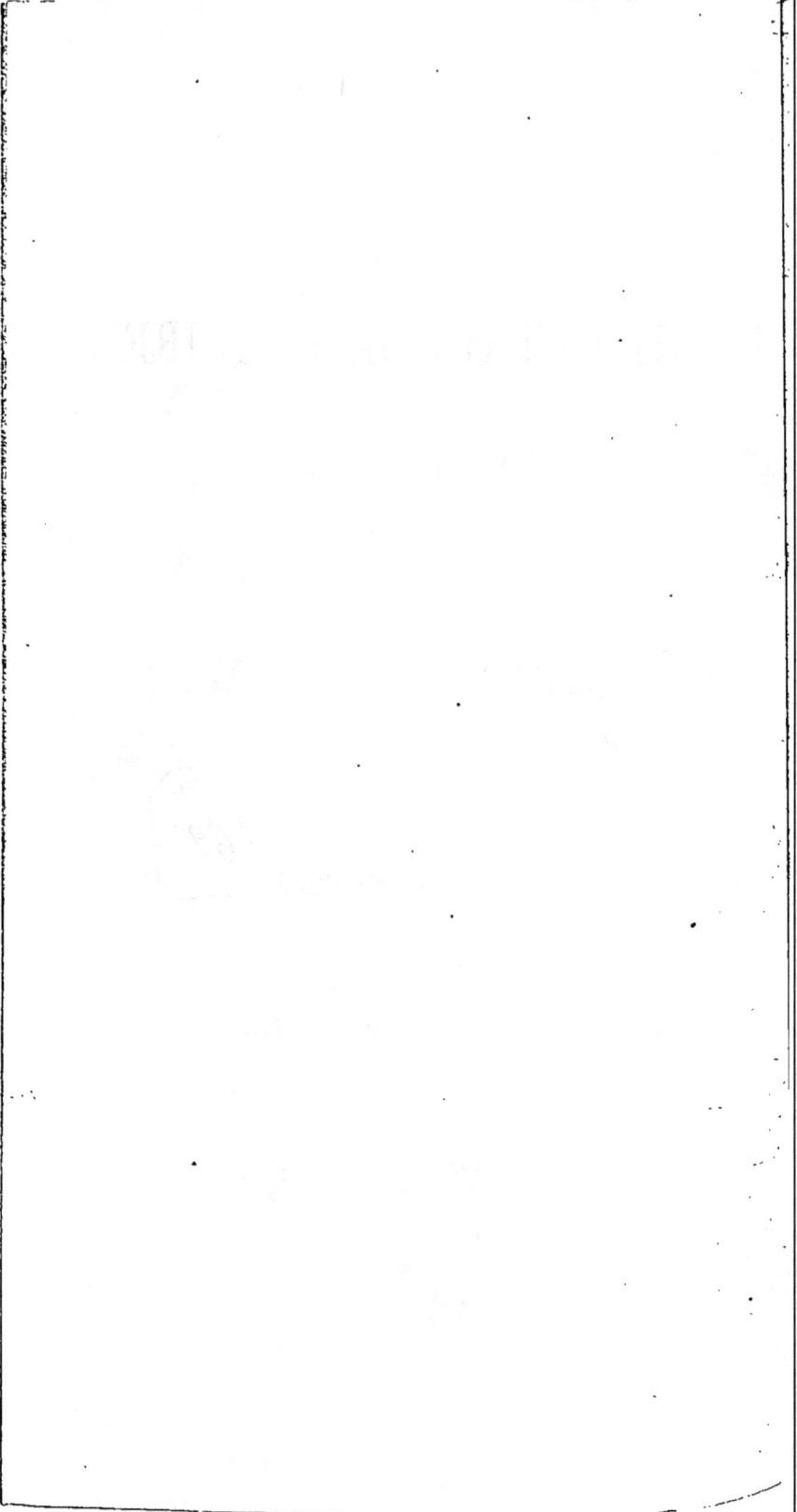

DE

# L'UNIFICATION DE L'HEURE

## DANS PARIS

### QUELQUES MOTS SUR CETTE QUESTION TRÈS-IMPORTANTE

#### QUI PRÉOCCUPE LES HORLOGERS

Je commencerai par faire appel à toute la bien-
veillance des membres éminents de la Commission, pour
les prier de bien vouloir apprécier les observations sui-
vantes :

En ce moment, un certain nombre d'horlogers exécutent
les régulateurs de haute précision mis au concours par
la ville de Paris. Souhaitons qu'on réussisse à résoudre
ce problème plus difficile, à mon avis, qu'il ne paraît tout
d'abord : faire un régulateur ordinaire, qui n'a d'autre
travail que de faire mouvoir ses aiguilles et celui d'entretenir la marche de son pendule sous la tolérance accordée
au programme. *Il faut que la variation de la marche diurne
moyenne résultant d'observations quotidiennes pendant un intervalle de huit jours ne dépasse pas 0″,3 et que les écarts*

accidentels de la moyenne ne dépassent non plus 0″,5 pour une variation lente et progressive de la température s'élevant de 0° à 30°. Encore une fois, ce n'est pas un problème facile à résoudre, surtout si on veut bien se rappeler qu'entre autres difficultés, les changements de densité de l'air, dans certaines conditions, peuvent à eux seuls modifier le réglage dans des proportions supérieures à la tolérance accordée.

Cependant, en exécutant les pièces avec la plus grande précision, en réduisant les frottements jusqu'à l'impossible; de plus, si on a trouvé une bonne compensation en y ajoutant celle pour les changements de densité de l'air, et enfin, si on a par-dessus tout de l'huile très-pure, très-onctueuse, qui conserve sa même densité par toutes les températures; oh! alors, possédant toutes ces conditions de perfection, on pourra, peut-être, arriver à un bon résultat.

Mais il n'en sera pas de même, toujours à mon avis, si on introduit une cause de perturbation telle qu'un contact électrique toutes les secondes répondant à la deuxième partie du programme :

*L'horloge devra pouvoir produire, à chaque seconde, l'interruption d'un circuit électrique. Elle sera munie, à cet effet, du mécanisme nécessaire pour effectuer la séparation, pendant un intervalle de temps compris entre 0″,1 à 0″,3, de deux pièces de contact isolées métalliquement du reste de l'appareil et mises en communication métallique avec deux boutons extérieurs à la boîte.*

Pour ma part, je félicite à l'avance et en toute sincérité l'heureux confrère qui remplira les conditions du programme, surtout dans un aussi court espace de temps, en moins de dix-huit mois, pour trouver le système, l'expérimenter, l'exécuter et enfin le régler. Seulement pour le réglage, combien faut-il de temps?

Serait-ce exagérer de dire une année? Certainement celui qui réussira en six mois sera favorisé par la chance. Et ceux qui sont déjà absorbés par les affaires trouveront bien difficilement le temps nécessaire pour faire toutes les recherches que demande la solution de ce problème difficile.

Enfin, espérons que certains de nos confrères bien inspirés avaient déjà tous ces éléments par devers eux.

On affirme que le régulateur placé dans les caves de l'Observatoire, celui qui envoie l'heure au Conservatoire des Arts et Métiers, est d'une telle délicatesse, qu'il fonctionne sans huile, et que l'humidité de l'air seule suffit comme corps onctueux pour lubrifier les frottements; aussi s'est-il arrêté lorsqu'on a voulu le faire marcher dans le vide pour le soustraire aux variations journalières de la densité de l'air.

Il s'ensuit donc, de tout ce qui précède, que nous devons, dans la construction de l'appareil demandé, nous servir dans nos observations :

1º Du Thermomètre; 2º du Baromètre; 3º de l'Hygromètre et de bien d'autres instruments : étuves, méridienne, etc.

N'est-il pas vrai, chers confrères, que de telles difficultés donnent le vertige, surtout quand on pense qu'il faut composer, construire et expérimenter un appareil de ce genre dans un peu plus d'une année ?

Cherchons donc maintenant comment on peut établir un contact à seconde. Je vois trois moyens principaux :

1º Simplement par le pendule ;

2º Par un système quelconque de remontoir d'égalité ou d'échappement libre ;

3° Par un rouage spécial détendu toutes les secondes par le régulateur.

Examinons ces trois moyens.

**Le plus simple** est certainement celui dans lequel le balancier remonte à chaque oscillation un levier ou ressort le plus délicat possible; mais, cependant, il faut encore une certaine pression pour assurer un contact sérieux. Pour moins affecter la marche, il faut que ce contact ait lieu au point mort à la perpendiculaire. Néanmoins, ce frottement, si léger qu'il puisse être, apportera toujours une certaine perturbation, surtout lors de la réunion des deux pôles, malgré l'emploi des courants dérivés. Il faut néanmoins constater que ce système est employé à l'Observatoire de Greenwich, où l'on dit qu'il donne de bons résultats.

**Le deuxième moyen**, qui consiste dans l'emploi des remontoirs d'égalité ou échappement libre, est à première vue le plus séduisant : aussi, avait-il primitivement toutes mes sympathies; mais, après une étude très-approfondie, en suivant scrupuleusement les fonctions dans tous leurs détails, les arrêts, les décrochements, les frottements qu'ils engendrent, j'ai dû changer d'avis, et j'avouerai même que je leur préférerais presque le système précédent.

Néanmoins, actuellement on fait le plus grand éloge d'un régulateur à échappement libre nouvellement placé à l'Observatoire de Greenwich, ce qui me surprend beaucoup, car le constructeur proclame encore aujourd'hui le contact par le pendule comme le meilleur système.

A ce régulateur est appliqué un système de rectification de la densité de l'air au moyen des mouvements de la colonne barométrique, approchant et éloignant par ses mouvements un aimant placé sous le pendule muni d'un fer doux dont il affecte les oscillations en raison des changements de densité.

Je ne rejette pas les remontoirs d'égalité, lorsque leurs révolutions se font dans une période de plusieurs secondes : 10, 15 ou 20″, même 30″. — Car alors les bénéfices qu'on en retire équivalent amplement aux pertes qui résultent des décrochements ou changements de mouvement qui s'opèrent à des périodes assez longues variant de 10, 15 à 30 secondes. — Tandis que, pour le cas qui nous occupe, les choses ne se passent pas de même, car ces décrochements ou changements devant avoir lieu toutes les secondes, on se demande alors qui vaut mieux, des remontoirs, ou du contact directement sur le pendule.

Si seulement ce contact pouvait ne se faire que toutes les deux secondes, on aurait déjà de grandes facilités en le faisant faire par la chute d'une masse lors de la deuxième vibration, la première ayant fait la préparation ; mais, même encore dans ce cas, les causes que je critique n'en existeraient-elles pas moins.

Si au sujet du décrochement ou changement de mouvement dans les remontoirs à seconde ou les échappements libres des régulateurs, on les compare à ceux des échappements à ressorts-détente des chronomètres, on n'est pas étonné que ces derniers donnent d'aussi bons résultats, car il faut observer que dans le premier, ces causes de perturbation affectent le pendule dans une proportion relativement bien plus grande de sa course, soit peut-être la dixième partie si l'arc de vibration est d'environ 4 à 6°, tandis que dans l'échappement à détente, en raison de la grandeur de l'arc de vibration, les arrêts n'affectent plus qu'une faible partie de leur course. Du reste, je crois que cette observation a déjà été mise à profit.

**Le troisième moyen** dans lequel le contact est produit par un rouage supplémentaire déclanché par le régulateur, semblait avoir les préférences de la Commission municipale dans le programme du concours.

J'approuverais assez ce système, qui, je le suppose, fonctionne en ce moment dans les caves de l'Observatoire et règle les anciens régulateurs des galeries du Conservatoire avec lesquels ils sont reliés par des fils souterrains passant par la rue de Grenelle.

Il y a plusieurs moyens pour résoudre ce problème, le plus simple est par l'addition d'une roue de 60 cames montée sur l'axe de la roue d'échappement, ces cames ayant pour mission à chaque mouvement de la roue d'échappement de soulever un petit levier qui déclanche le rouage auxiliaire.

Plusieurs observatoires possèdent déjà des régulateurs de ce genre du même constructeur ; et je dois dire aussi que si les résultats sont supérieurs, le travail est de la plus haute précision, et d'une délicatesse tout à fait extrême, on pourrait presque dire que c'est plus que du chronomètre ; du reste, c'est la principale condition de ce système pour que les résultats soient aussi sérieux qu'on me l'a affirmé, si on ne se fait pas illusion. Mais toujours est-il qu'on pourrait encore obtenir le déclanchement du rouage auxiliaire par des procédés analogues mais moins hasardés, et avoir de très-bons résultats ; car il est certain que les frottements légers au dernier mobile modifient beaucoup moins la marche du pendule, le régulateur, que les ressorts de contact dans le premier système et les décrochements dans le second.

Supposons maintenant qu'à l'issue du concours, on adopte pour les quatre types l'un des trois systèmes que je viens de décrire, pour les placer, l'un à la Bourse, l'autre au Conservatoire des Arts et Métiers, un autre au

Luxembourg, et le quatrième je ne sais où. — On se demande quelles seront leurs missions et à quoi servira leur exactitude, si on emploie le système d'attraction sous le pendule appliqué en ce moment, au Conservatoire, à la grosse horloge et à d'anciens régulateurs des galeries? car, des mouvements les plus ordinaires rempliraient parfaitement le but qu'on se propose, si toutefois le système électrique finit par bien fonctionner.

Alors le régulateur des caves de l'Observatoire qui envoie l'heure actuellement au Conservatoire des Arts et Métiers suffira pour donner l'heure à la seconde dans tous les endroits de Paris où on le désirera. Mais je ne suppose pas qu'on ait jamais l'idée d'appliquer ce système à seconde aux horloges publiques et tout d'abord aux régulateurs des bureaux des voitures de place, comme il en est question.

Dans cet état de choses, les quatre régulateurs-types demandés par le concours n'auraient donc plus d'autre emploi que de servir de remplaçants à celui de l'Observatoire en cas d'accident, d'arrêt ou pour toute autre cause.

Dans le système à seconde des galeries du Conservatoire, on a établi deux contacts de trois jeux pour obvier aux manques fréquents qui se produisent lorsqu'on bat la seconde. Ce moyen permet aussi, il est vrai, de nettoyer les contacts les uns après les autres; mais n'est-ce pas démontrer d'un seul coup le peu de sécurité qu'on peut attendre de contacts aussi précipités quand on n'a pas une forte pression à sa disposition, ce qui n'est pas le seul inconvénient, car l'usure considérable de la pile est une chose encore bien plus défectueuse, et dans ces conditions il faut des soins excessifs pour les conserver toujours en bon état de fonctionnement.

Après les descriptions que je viens de faire des transmissions électriques à secondes, on se demande si c'est dans leur application qu'on doit trouver la solution du problème :

L'unification de l'heure *dans la Ville ?*

Certainement non ! car c'est pour le monde des affaires et pour les usages de la vie qu'on demande cette unification de l'heure, et non pas pour les astronomes.

Les horlogers, cependant, désireraient l'heure à la seconde, par l'Observatoire, pendant une heure tous les jours, dans les vingt mairies de Paris, par un des systèmes analogues à ceux employés en ce moment au Conservatoire, et si l'on se contentait d'une simple détente à Midi comme cela a lieu en Angleterre, dans tous les ports maritimes par la chute d'une boule, ou comme dans les autres pays, en Suisse, par exemple, ou ailleurs, par le départ de l'aiguille de seconde d'un régulateur au midi vrai, mon système de remise à l'heure répondrait parfaitement et automatiquement à cette demande.

Mais encore une fois tout cela n'est pas l'unification de l'heure demandée dans la ville de Paris.

Qu'est-ce que c'est donc ?

Eh bien, je crois répondre aux vœux de tous en disant que c'est d'abord de faire donner la même heure à quelques secondes près par toutes les horloges existantes. Car à quoi servirait qu'elles donnassent la seconde du moment qu'il y a des difficultés et des dépenses inutiles et qu'enfin les aiguilles ne la marqueraient jamais. Attendu les jeux inévitables dans leurs transmissions et la grandeur des aiguilles que les vents mettent parfois en retard ou en avance de quelques minutes, mêmes dans les petits régulateurs des kiosques des voitures de place où les jeux des aiguilles sont de plus d'une minute par les ébranlements que produisent les voitures sur les chaussées.

Si encore on pouvait par l'électricité supprimer tout à coup le remontage et l'entretien des grosses horloges, oh! alors, on devrait y penser. Mais non! il est bien prouvé jusqu'à présent que les moyens dont on dispose sont bien loin de permettre de mouvoir ces grandes aiguilles, et encore moins de faire sonner sur les grosses cloches à moins de dépenses fabuleuses. Il faut donc de toute nécessité conserver ces machines qu'il faudra toujours remonter et entretenir.

Ceci parfaitement reconnu, reste donc alors à obtenir cette unification de l'heure par les moyens qui offrent le plus de sécurité, en même temps le moins de difficulté dans l'exécution et surtout le moins de dépense pour l'entretien.

Pour répondre à toutes ces conditions je proposerai mon système de remise à l'heure appliqué déjà sur plusieurs horloges publiques de la ville de Paris et d'autres pays; dans le nombre je citerai la ville de Roubaix où sous peu toutes les horloges vont être réglées par mon système.

Fig. 1.                                    Fig. 2.

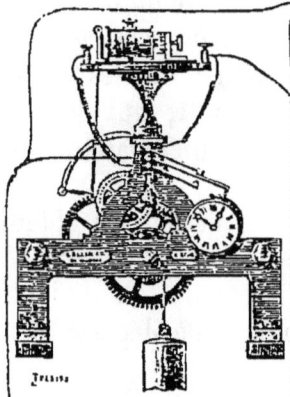 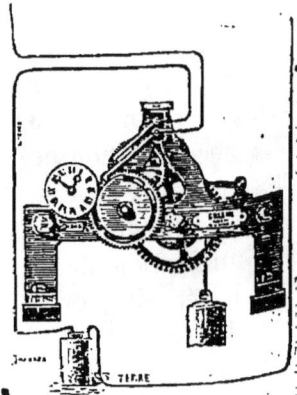

Voici comment les choses se passent avec ma remise à l'heure.

Les horloges à régler (fig. 1) sont reliées toutes ensemble dans le même circuit avec l'horloge-type (fig. 2), sur laquelle elles ont quelques secondes d'avance. Toutes possèdent, les horloges à régler (fig. 1) et l'horloge-type (fig. 2) un commutateur, c'est-à-dire deux pièces qui, lorsqu'elles se touchent, ferment le courant, qui est coupé lorsqu'elles sont séparées.

Ces commutateurs agissent différemment. Dans l'horloge-type, les deux leviers ne sont mis en contact que quelques minutes avant l'heure du réglage et se séparent, ce qui coupe le courant lorsque l'aiguille de minute est à midi juste. Dans les horloges à régler l'effet est inverse: les leviers ne ferment le courant que lorsque ces horloges arrivent à l'heure du réglage, qui doit être quelques secondes en avance sur l'horloge-type.

Toutes les horloges à régler (fig. 1) possèdent à la partie supérieure un électro-aimant qui, lorsqu'il est aimanté par le courant, attire un levier dont l'extrémité est armée d'une goupille qui s'engage sur un cercle denté placé extérieurement de la roue d'échappement, et l'arrête.

Toutes les horloges seront réunies dans un même circuit, celles à régler étant armées d'un électro-aimant (fig. 1) et d'un commutateur, celles-ci devant avoir deux ou trois secondes d'avance sur l'horloge-type, ou beaucoup plus si on le désire ; — l'horloge-type (fig. 2) ayant aussi son commutateur :

Le réglage s'opérera de la manière suivante :

Lorsque l'horloge-type (fig. 2) arrivera à l'heure fixée pour le réglage, soit toutes les heures, ou toutes les six heures, et même une seule fois par jour, les deux pièces de son commutateur se réuniront pour laisser passer le courant pour quand les horloges à régler le fermeront.

Lorsque les horloges à régler (fig. 1) arriveront à l'heure juste, c'est-à-dire lorsque leurs aiguilles de minutes marqueront midi, leurs commutateurs fermeront le circuit. Aussitôt leurs électro-aimants étant aimantés attireront les leviers dont les extrémités s'engageront dans les rochets des roues d'échappement, ce qui les arrêtera ; *mais leurs balanciers n'en continueront pas moins leurs oscillations et cela* pendant très-longtemps.

Comme toutes les horloges à régler ont des différences plus ou moins grandes, elles s'arrêteront successivement et resteront, les unes après les autres, au repos, jusqu'au moment où l'horloge-type arrivera à l'heure exacte. Là, cette dernière coupera le courant avec son commutateur, et alors, instantanément, toutes les roues d'échappement redeviendront libres. — Les horloges à régler reprendront leur marche toutes ensemble et donneront l'heure exacte de l'horloge-type.

Il faut bien observer que, dans ce système, l'électricité n'agissant que comme régulateur, peut n'être qu'un courant très-faible. Les effets peuvent même manquer une ou plusieurs fois sans qu'on s'en aperçoive, car la fois suivante qu'il fonctionnera, il remettra les choses en état et, pendant ce temps, il n'y aura eu que quelques secondes d'avance inappréciable.

J'insiste surtout sur cette considération que le courant peut être d'une extrême faiblesse ; car, le levier qui arrête la roue d'échappement étant vertical, n'offre au mouvement qu'une résistance insensible, et, une fois engagé dans les dents du rochet de la roue d'échappement, il faudrait un ressort d'opposition assez puissant, si l'échappement, auquel je donne du recul, ne venait pas, pendant que le balancier bat à blanc, à chaque oscillation, par son mouvement de recul, chasser le levier, qui est retenu par l'aimantation de l'électricité et le dégage de la roue d'échappement aussitôt que l'électro lâche prise. On observe donc que ce système ne demande qu'une petite addition aux horloges existantes, et, ce qui est le plus important, c'est que le mécanisme le plus grossier se trouve donner tout d'un coup la même régularité que l'horloge la plus précise.

A cet effet, je citerai une observation faite sur l'horloge d'un clocher de Roubaix. — On remarquait, avant l'application de la remise à l'heure, que, tous les dimanches, l'horloge se déréglait. Aujourd'hui, cela n'a plus lieu ; mais on a constaté qu'après la sonnerie des cloches, qui ébranle le clocher, il y a une différence en avance assez considérable et que la remise à l'heure a beaucoup plus à faire. On a compté de 30 à 40 secondes d'écart, ce qui n'a aucun inconvénient : le balancier bat à blanc seulement plus longtemps.

Je ne crois pas devoir terminer ce petit exposé sans dire un mot des compteurs à cadrans électriques qu'on voit dans certaines villes au coin des rues ; dans ce système l'électricité est le moteur. — On peut en ayant de bons mécanismes obtenir une certaine régularité ; mais comme tout dépend de l'électricité il arrive assez souvent des accidents. J'ai vu une fois toute la ville de Gand (Belgique) sans heure par suite d'un accident arrivé au régulateur. Dernièrement dans une autre ville, Bruxelles, tout un quartier était privé d'heure par suite de la rupture d'un conducteur ; ailleurs, en Suisse, c'était un accident à la pile. Ensuite on ne doit pas oublier qu'il faut que ces compteurs soient parfaitement bien établis si on veut obtenir des résultats et qu'ils aient une certaine délicatesse pour ne pas demander trop de force à l'électricité, ce qui est très-nuisible à leurs bonnes fonctions, étant exposés aux intempéries des saisons.

Il faut aussi bien observer que, dans ce système, l'électricité est le moteur, tandis que dans ma remise à l'heure elle n'est que le régleur.

# RÉSUMÉ

1º De l'impossibilité de construire les régulateurs-types devant répondre aux conditions du programme dans le temps fixé à moins qu'on ait été assez heureux d'avoir par devers soi tous les éléments ;

2º Les expériences à l'étude en ce moment au Conservatoire des Arts et Métiers, en communication avec le régulateur-type de la plus haute précision des caves de l'Observatoire tendent à prouver que les quatre régulateurs-types du concours qui devaient être distribués dans la ville n'auraient plus cette destination, et qu'ils pourraient être remplacés avec avantage par des horloges les plus ordinaires ;

3° Les mêmes expériences prouvent aussi, par les soins qu'elles exigent, la multiplicité des contacts et la quantité considérable d'électricité qu'elles absorbent, que ce système ne peut être employé avantageusement pour une remise à l'heure des horloges publiques petites ou grandes d'une ville comme Paris;

4° La remise à l'heure des petites ou grandes horloges publiques ne demande pas de contact à seconde, d'une précision tout à fait inutile et inappréciable en raison des jeux d'aiguille ou des fonctions grossières des sonneries;

5° Une remise à l'heure toutes les heures, ou toutes les six, ou même seulement une fois par jour suffit pour les horloges publiques; elle doit être indépendante des variations de l'électricité, ne pas avoir besoin de précision ni même d'entretien ou qu'il soit presque nul, et il faut aussi que la sécurité soit à toute épreuve;

6° Les cadrans électriques compteurs qu'on voit au coin des rues dans certaines villes, coûtent par eux-mêmes, par leur installation et leur entretien, des sommes assez importantes sans donner de sécurité, puisqu'ils sont entièrement dépendants du caprice de l'électricité, et en plus des arrêts inhérents à tout mécanisme délicat.

C'est donc un luxe inutile dont les grandes villes comme Paris peuvent se passer en raison de leur grand nombre d'horloges publiques, si toutefois elles donnent l'heure exactement, même à quelques secondes près.

*(A suivre.)*

A. COLLIN.

IMPRIMERIE CENTRALE DES CHEMINS DE FER. — A. CHAIX ET Cie, RUE BERGÈRE, 20, A PARIS. — 1885.

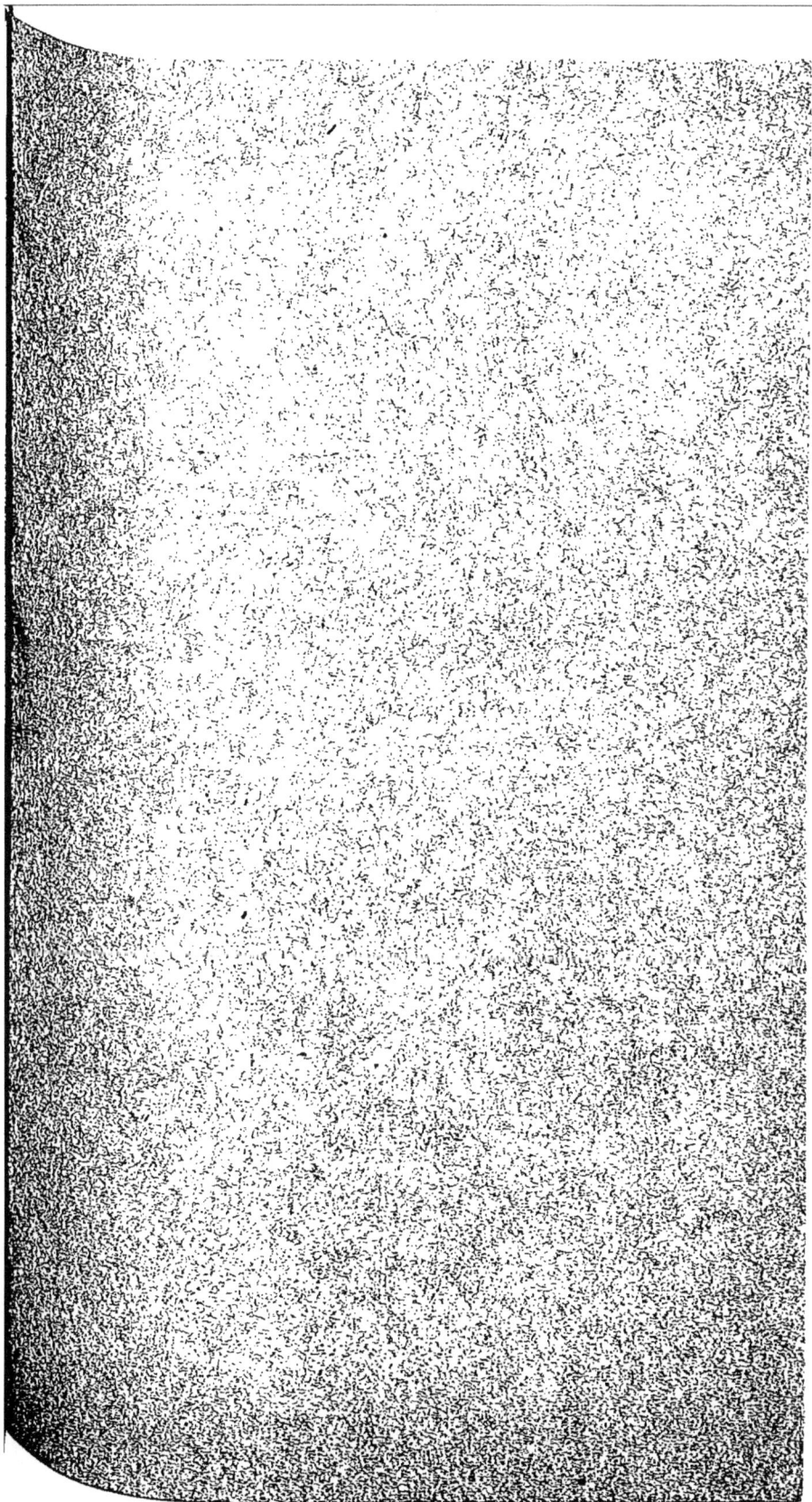

www.ingramcontent.com/pod-product-compliance
Lightning Source LLC
Chambersburg PA
CBHW050359210326
41520CB00020B/6387